Asset Durmagambetov

# Problem wartości granicznej dla problemów milenijnych

Asset Durmagambetov

# Problem wartości granicznej dla problemów milenijnych

## Riemann--Hilbert - problem wartości granicznej dla problemów milenijnych

Wydawnictwo Bezkresy Wiedzy

**Imprint**
Any brand names and product names mentioned in this book are subject to trademark, brand or patent protection and are trademarks or registered trademarks of their respective holders. The use of brand names, product names, common names, trade names, product descriptions etc. even without a particular marking in this work is in no way to be construed to mean that such names may be regarded as unrestricted in respect of trademark and brand protection legislation and could thus be used by anyone.

Cover image: www.ingimage.com

This book is a translation from the original published under ISBN 978-613-8-82519-7.

Publisher:
Wydawnictwo Bezkresy Wiedzy
is a trademark of
Dodo Books Indian Ocean Ltd., member of the OmniScriptum S.R.L Publishing group
str. A.Russo 15, of. 61, Chisinau-2068, Republic of Moldova Europe
Printed at: see last page
**ISBN: 978-620-0-54706-4**

## 1 *Wprowadzenie*

Na przykładzie tak skomplikowanego problemu, jak problem Cauchy'ego dla równania Navier-Stokes, pokazujemy, jak problem wartości granicznej Poincaré-Riemann-Hilbert pozwala nam na skonstruowanie skutecznych szacunków rozwiązań dla tego przypadku. W tym celu opracowano aparaturę trójwymiarowego odwrotnego problemu teorii rozpraszania kwantowego. Pokazuje to, że jednolity operator rozpraszania może być badany jako rozwiązanie problemu wartości granicznej Poincaré-Riemann-Hilbert. Pozwala nam to na kontynuację badania potencjału w równaniu Schrödingera, które uważamy za składnik prędkości w równaniu Navier-Stokes. Ten sam schemat redukcji równań całkowitych Riemanna dla funkcji zeta do problemu wartości granicznych Poincaré-Riemann-Hilbert pozwala nam na skonstruowanie efektywnych oszacowań, które bardzo dobrze opisują zachowanie zer funkcji zeta.

## 2 *Wyniki dla przypadku jednowymiarowego*

Rozważmy funkcję jednowymiarową i jego transformacja Fouriera ~ . Korzystając z pojęć modułu i fazy, zapisujemy transformację Fouriera w następującej formie: ~ ~ w przypadku jest faza. Równość Plancherela stanowi, że ~ . Tutaj widzimy, że faza ta nie przyczynia się do określenia Norma. Aby oszacować maksimum, wykonujemy proste oszacowanie jako . Teraz mamy oszacowanie maksimum funkcji, w które nie jest zaangażowana ta faza. Zastanówmy się nad zachowaniem się postępującej fali poruszającej się ze stałą prędkością opisany przez funkcję . Jego transformacja Fouriera w odniesieniu do zmiennej jest ~ ~ . Ponownie, w tym przypadku widzimy, że kiedy badamy moduł transformacji Fouriera, nie uzyskamy istotnych informacji fizycznych o fali, takich jak jej prędkość i położenie grzbietu fali, ponieważ ~ ~ . Te dwa przykłady pokazują słabości badania transformacji Fouriera. Wielu badaczy koncentruje się na badaniu funkcji za pomocą twierdzenia osadzającego, w którym głównym przedmiotem badań jest moduł funkcji. Jednakże, jak widzieliśmy w podanych przykładach, faza ta jest główną fizyczną cechą każdego procesu i jak widzimy w badaniach matematycznych, które wykorzystują tezę osadzania w szacunkach energetycznych, faza ta zanika. Wraz z tą fazą znikają wszelkie racjonalne informacje o procesie fizycznym, co zostało wykazane przez Tao [1] i inne badania naukowe. W rzeczywistości, Tao zbudował postępujące fale, po których nie następują szacunki energetyczne. Przejdźmy do bardziej zasadniczej analizy wpływu tej fazy na zachowanie się funkcji.

**Twierdzenie 1 Istnieją następujące** *funkcje ze stałą szybkością normy dla katastrofy gradientowej, dla której wystarczająca jest zmiana fazowa transformacji Fouriera.*

Dowód: Aby to udowodnić, rozważamy sekwencję funkcji testowych

~ . To oczywiste, że ~ oraz .

Obliczając transformację Fouriera tych funkcji testowych, otrzymujemy

(1)

gdzie jest wielomianem Laguerre'a. Teraz widzimy, że funkcje są wyrównane i pochodne tych funkcji będą rosły wraz ze wzrostem Zbudowaliśmy więc przykład sekwencji ograniczonych funkcji które mają stałą normę i ta sekwencja zbiega się w nieciągłą funkcję.

Wyniki pokazują wady twierdzenia o osadzaniu podczas analizy zachowania się funkcji. Dlatego też niniejsza praca poświęcona jest ich przezwyciężeniu, a podstawą do rozwiązania sformułowanego problemu są analityczne właściwości transformatorów Fouriera funkcji na zestawach kompaktowych. Właściwości analityczne i szacunki transformacji funkcji Fouriera badane są za pomocą problemu wartości granicznych PoincarГ© вЂ" Riemann вЂ" Hilbert.

## 3 *Wyniki dla przypadku trójwymiarowego*

Weźmy pod uwagę równanie Schrödingera:

(2)

Niech być rozwiązaniem (2) o następujących zachowaniach asymptotycznych:

— (–) (3)

gdzie jest amplituda rozpraszania i — dla $\bar{\ }$ :

$$A(k,\theta',\theta) = -\frac{1}{4\pi}\int_{R^3} q(x)\Psi_+(k,\theta,x)e^{-ik\theta' x}dx.$$

Rozwiązania do (2) i (3) uzyskuje się poprzez rozwiązanie równania całkowego

$$\Psi_+(k,\theta,x) = \Psi_0(k,\theta,x) + \int_{R^3} q(y)\frac{e^{+ik|x-y|}}{|x-y|}\Psi + (k,\theta,y)dy = G(q\Psi_+),$$

które nazywa się równaniem Lippmana-Schwingera.

Przedstawmy

$$\theta,\theta' \in S^2, Df = k\int_{S^2} A(k,\theta',\theta)f(k,\theta')d\theta'.$$

Zdefiniujmy też rozwiązanie dla $\bar{\ }$ jak

$$\Psi_-(k,\theta,x) = \Psi_+(-k,-\theta,x).$$

Jak dobrze wiadomo [8],

$$-\int \qquad (4)$$

Równanie to jest kluczem do rozwiązania problemu odwrotnego rozpraszania i zostało po raz pierwszy użyte przez Newtona [8,9] oraz Somersalo i in. [10].

**Definicja 1** *Zestaw funkcji mierzalnych z normą określoną przez*

$$||q||_{\mathbf{R}} = \int_{R^6} \frac{q(x)q(y)}{|x-y|^2}dxdy < \infty$$

jest uznawana za należącą do klasy Rollnik.

Równanie (4) jest równoznaczne z poniższym:

$$\Psi_+ = S\Psi_-,$$

gdzie  jest operatorem rozpraszającym z jądrem

$$S(k,ł) = \int_{R^3} \quad \Psi_+(k,x)\Psi_-^*(ł,x)dx.$$

Poniższe twierdzenie zostało sformułowane w [9]:

**Twierdzenie 2** ***(Prawo o zachowaniu energii i pędu)*** *Niech . Potem,  oraz*

*gdzie  jest jednostkowym operatorem.*

**Corollary 1** *oraz  zysk*

$$A(k,\theta',\theta) - A(k,\theta,\theta')^* = \frac{ik}{2\pi}\int_{S^2} \quad A(k,\theta,\theta'')A(k,\theta',\theta'')^* d\theta''.$$

**Twierdzenie 3** **(*szacunek Birmanna-Schwingera)*** *Niech . Następnie liczbę dyskretnych wartości własnych można oszacować jako*

$$N(q) \le \frac{1}{(4\pi)^2}\int_{R^3} \quad \int_{R^3} \quad \frac{q(x)q(y)}{|x-y|^2}dxdy.$$

**Lemma 1** *Let* $\Big(\qquad\qquad\Big)$*. Potem,*

$$\|\Psi_+\|_{L_\infty} \le \frac{\left(|q|_{L_1(R^3)}+4\pi|q|_{L_2(R^3)}\right)}{1-\left(|q|_{L_1(R^3)}+4\pi|q|_{L_2(R^3)}\right)} < \frac{\alpha}{1-\alpha},$$

$$\left\|\frac{\partial(\Psi_+-\Psi_0)}{\partial k}\right\|_{L_\infty} \le \frac{|q|_{L_1(R^3)}+4\pi|q|_{L_2(R^3)}}{1-\left(|q|_{L_1(R^3)}+4\pi|q|_{L_2(R^3)}\right)} < \frac{\alpha}{1-\alpha}.$$

*Dowód.* Według równania Lippmana-Schwingera, mamy

$$|\Psi_+ - \Psi_0| \le |Gq\Psi_+|,$$

$$|\Psi_+ - \Psi_0|_{L_\infty} \le |\Psi_+ - \Psi_0|_{L_\infty}|Gq| + |Gq|,$$

i, w końcu,

$$|\Psi_+ - \Psi_0| \le \frac{\left(|q|_{L_1(R^3)}+4\pi|q|_{L_2(R^3)}\right)}{1-\left(|q|_{L_1(R^3)}+4\pi|q|_{L_2(R^3)}\right)}.$$

Według równania Lippmana-Schwingera, mamy również

$$\left|\frac{\partial(\Psi_+-\Psi_0)}{\partial k}\right| \le \left|\frac{\partial Gq}{\partial k}\Psi_+\right| + \left|Gq\frac{\partial(\Psi_+-\Psi_0)}{\partial k}\right| + |Gq|,$$

$$\left|\frac{\partial(\Psi_+-\Psi_0)}{\partial k}\right| \le \left(|q|_{L_1(R^3)} + 4\pi|q|_{L_2(R^3)}\right),$$

$$\left\|\frac{\partial(\Psi_+-\Psi_0)}{\partial k}\right\|_{L_\infty} \le \frac{|q|_{L_1(R^3)}+4\pi|q|_{L_2(R^3)}}{1-\left(|q|_{L_1(R^3)}+4\pi|q|_{L_2(R^3)}\right)},$$

który uzupełnia dowód.

Wprowadźmy następujący zapis:

$$Q(k,\theta,\theta') = \int_{R^3} q(x)e^{ik(\theta-\theta')x}dx,\ K(s) = s,\ X(x) = x,$$

$$T_+Q = \int_{-\infty}^{+\infty} \frac{Q(s,\theta,\theta')}{s-t-i0}ds,\ T_-Q = \int_{-\infty}^{+\infty} \frac{Q(s,\theta,\theta')}{s-t+i0}ds.$$

**Lemma 2** *Let* ‖ ‖ *. Potem,*

$$\|A_+\|_{L_\infty} < \alpha + \frac{\alpha}{1-\alpha},$$

$$\left\|\frac{\partial A_+}{\partial k}\right\|_{L_\infty} < \alpha + \frac{\alpha}{1-\alpha}.$$

*Dowód.* Mnożąc równanie Lippmana-Schwingera przez a potem integrację, mamy

$$A(k,\theta,\theta') = Q(k,\theta,\theta') + \int_{R^3} q(x)\Psi_0(k,\theta,x)Gq\Psi_+dx.$$

Możemy oszacować to ostatnie równanie jako

$$|A| \leq \alpha + \alpha \frac{\left(|q|_{L_1(R^3)} + 4\pi|q|_{L_2(R^3)}\right)}{1-\left(|q|_{L_1(R^3)} + 4\pi|q|_{L_2(R^3)}\right)}.$$

Postępując zgodnie z podobną procedurą dla $\|-\|$ uzupełnia dowód.

Definiujemy operatorów , dla w następujący sposób:

$$T_+ f = \frac{1}{2\pi i} \lim_{\mathrm{Im}z\to 0} \int_{-\infty}^{\infty} \frac{f(s)}{s-z} ds, \mathrm{Im}z > 0, T_- f = \frac{1}{2\pi i} \lim_{\mathrm{Im}z\to 0} \int_{-\infty}^{\infty} \frac{f(s)}{s-z} ds, \mathrm{Im}z < 0,$$

$$Tf = \frac{1}{2}(T_+ + T_-)f.$$

Rozważcie problem Riemanna ze znalezieniem funkcji który jest analitykiem w złożonej płaszczyźnie z przecięciem wzdłuż osi rzeczywistej. Wartości po obu stronach cięcia oznaczone są jako oraz . Poniżej przedstawione są wyniki z [12]:

**Lemma 3**

$$TT = \frac{1}{4}I, TT_+ = \frac{1}{2}T_+, TT_- = -\frac{1}{2}T_-,\ T_+ = T + \frac{1}{2}I, T_- = T - \frac{1}{2}I, T_-T_- = -T_-.$$

Oznaczenie

$\Phi_+(k,\theta,x) = \Psi_+(k,\theta,x) - \Psi_0(k,\theta,x),\ \ \Phi_-(k,\theta,x) = \Psi_-(k,-\theta,x) - \Psi_0(k,\theta,x),$

$$g(k,\theta,x) = \Phi_+(k,\theta,x) - \Phi_-(k,\theta,x)/$$

**Lemma 4** *Let i Potem,*

$$\Phi_+(k,\theta,x) = T_+ g_+ + e^{ik\theta x},\ \Phi_-(k,\theta,x) = T_- g_+ + e^{ik\theta x}.$$

*Dowód.* Dowodem na to są klasyczne wyniki dla problemu Riemanna.

**Lemma 5** *Let oraz . Potem,*

$$\Psi_+(k,\theta,x) = (T_+g_+ + e^{ik\theta x}),\ \Psi_-(k,\theta,x) = (T_-g_- + e^{-ik\theta x}).$$

*Dowód.* Powyższy dowód wynika z definicji i .

**Lemma 6** *Let*

$$\sup_k \left|\int_{-\infty}^{\infty} \frac{pA(p,\theta',\theta)}{4\pi(p-k+i0)}dp\right| < \alpha,\ \int_{S_2} \alpha d\theta < 1/2.$$

Potem,

$$\prod_{0\leq j<n} \int_{S_2} \left|\int_{-\infty}^{\infty} \frac{k_jA(k_j,\theta'_{k_j},\theta_{k_j})}{4\pi(k_{j+1}-k_j+i0)}dk_j\right| d\theta_{k_j} \leq 2^{-n}.$$

*Dowód.* Oznaczenie

$$\alpha_j = \left|Vp\int_{-\infty}^{\infty} \frac{k_jA(k_j,\theta'_{k_j},\theta_{k_j})}{4\pi(k_{j+1}-k_j+i0)}dk_j\right|,$$

Dlatego,

$$\prod_{0\leq j<n} \int_{S_2} \left|\int_{-\infty}^{\infty} \frac{k_jA(k_j,\theta'_{k_j},\theta_{k_j})}{4\pi(k_{j+1}-k_j+i0)}dk_j\right| d\theta_{k_j} \leq \prod_{0\leq j<n} \int_{S_2} \alpha_j d\theta_{k_j} < 2^{-n}.$$

To uzupełnia dowód.

**Lemma 7**

Niech

$$\sup_k \int_{S^2} |T_-QK|d\theta \leq \alpha < \frac{1}{2C} < 1,\quad \sup_k \int_{S^2} |T_-\tilde{q}K|d\theta \leq \alpha < \frac{1}{2C} < 1,$$

$$\sup_k \int_{S^2} \quad |T\_Q\tilde{q}K^2|d\theta \le \alpha < \frac{1}{2C} < 1.$$

Potem,

$$\sup_k \int_{S^2} \quad |T\_AK|d\theta \le \frac{C\int_{S^2} \quad |T\_QK|d\theta}{1-\sup_k \int_{S^2} \quad |T\_A\tilde{q}K^2|d\theta},$$

$$\sup_k \left|\int_{S^2} \quad T\_A\tilde{q}K^2 d\theta\right| \le \frac{C|T\_\int_{S^2} \quad Q\tilde{q}K^2 d\theta|}{1-|T\_\int_{S^2} \quad \tilde{q}Kd\theta|}.$$

*Dowód.* Definiując amplitudę i Lemma 4, mamy

$$A(k,\theta',\theta) = -\frac{1}{4\pi}\int_{R^3} \quad q(x)\Psi_+(k,\theta,x)e^{-ik\theta' x}dx$$

$$= -\frac{1}{4\pi}\int_{R^3} \quad q(x)\left[e^{ik\theta' x} + T_+ g(k,\theta,\theta')\right]e^{-ik\theta' x}dx.$$

Możemy napisać to ponownie jako

$$-\int \qquad [ \quad \Sigma \qquad\qquad ] \tag{5}$$

Plony Lemmy 6

$$\sup_k \int_{S^2} \quad |T\_AK|d\theta \le \sup_k \int_{S^2} \quad \left|\frac{1}{4\pi}T\_QK\right| d\theta +$$

$$\frac{\left(\sup_k \int_{S^2} \quad |T\_KA|d\theta\right)^2 \int_{S^2} \quad |T\_A\tilde{q}K^2|d\theta}{\left(1-\sup_k \int_{S^2} \quad |T\_KA|d\theta\right)^2}.$$

Ze względu na małe rozmiary określeń po prawej stronie, poniższy szacunek jest następujący:

$$\sup_k \int_{S^2} \quad |T\_AK|d\theta \le 2\sup_k \int_{S^2} \quad \left|\frac{1}{4\pi}T\_QK\right| d\theta.$$

Podobnie,

$$\sup_k \int_{S^2} \quad |T\_A\tilde{q}K^2|d\theta \le C\int_{S^2} \quad |T\_Q\tilde{q}K^2|d\theta +$$

$$\int_{S^2} \quad |T\_A\tilde{q}K^2|d\theta \int_{S^2} \quad |T\_\tilde{q}K|d\theta,$$

$$\sup_k \int_{S^2} |T\_A\tilde{q}K^2|d\theta \leq \frac{C\int_{S^2} |T\_Q\tilde{q}K^2|d\theta}{1-\int_{S^2} |T\_\tilde{q}K|d\theta},$$

$$\sup_k \int_{S^2} |T\_A\tilde{q}K^2|d\theta \leq 2\sup_k \int_{S^2} \left|\frac{1}{4\pi}T\_Q\tilde{q}K^2\right| d\theta.$$

To uzupełnia dowód.

Aby uprościć pisanie następujących obliczeń, wprowadzamy zestaw określony przez

$$M_\varepsilon(k) = \left(s|\varepsilon < |s| + |k-s| < \frac{1}{\varepsilon}\right).$$

Funkcja Heaviside jest nadawana przez

$$\Theta(x) = \{1, \ if \ \ x > 0, \qquad -1 \ \ if \ \ x < 0 \ \}.$$

**Lemma 8** *Let* , . *Potem,*

$$\pi i \int_{R^3} \Theta(A)e^{ik|x|A}q(x)dx = \lim_{\varepsilon\to 0}\int_{s\in M_\varepsilon(k)} \int_{R^3} \frac{e^{is|x|A}}{k-s}q(x)dxds,$$

$$\pi i \int_{R^3} \Theta(A)ke^{ik|x|A}q(x)dx = \lim_{\varepsilon\to 0}\int_{s\in M_\varepsilon(k)} \int_{R^3} s\frac{e^{is|x|A}}{k-s}q(x)dxds.$$

*Dowód.* Dowodem na to mogą być warunki lemmy i lemmy Jordanii.

**Lemma 9**

Niech

$$l = 2, \ \ I_0 = \Psi_0(x,k)|_{r=r_0}.$$

Następnie

$$\left|\int_{-\infty}^{+\infty} \int_{S^2} \int_{S^2} \tilde{q}(k(\theta-\theta'))I_0k^2dkd\theta d\theta'\right| \leq \sup_{x\in R^3}|q(x)| + C_0(\frac{1}{r_0} + r_0)\|q\|_{L_2(R^3)},$$

$$\sup_{\theta\in S^2}\left|\int_{-\infty}^{+\infty} \int_{S^2} \int_{S^2} QTKQI_0k^2d\theta''d\theta'dk\right| \leq C_0(\frac{1}{r_0}+r_0)\|q\|^2_{L_2(R^3)}.$$

*Dowód.* Według definicji transformacji Fouriera, mamy

$$\int_{-\infty}^{+\infty} \int_{S^2} \int_{S^2} \tilde{q}(k(\theta-\theta'))I_0k^2dkd\theta d\theta' =$$

$$\int_{-\infty}^{+\infty} \int_{S^2} \int_{S^2} \int_0^{+\infty} q(x)e^{ikx(\theta-\theta')}e^{ix_0k}k^2dkd\theta d\theta'drd\gamma,$$

gdzie Lemma Jordanii dopełnia dowód na pierwszą nierówność. Druga nierówność jest udowodniona jak pierwsza:

$$\int_{-\infty}^{+\infty} \int_{S^2} \int_{S^2} QTKQI_0k^2d\theta''d\theta'dk$$

$$= \int_{-\infty}^{+\infty} \int_{-\infty}^{+\infty} \int_{S^2} \int_{S^2} \int_{S^2} \frac{(\tilde{q}(s\cos(\theta')-s\cos(\theta''))\tilde{q}(k\cos(\theta)-s\cos(\theta''))s}{k-s}I_0k^2d\theta'd\theta''d\theta dkds.$$

Plony Lemmy 8

$$\int_{-\infty}^{+\infty} \int_{S^2} \int_{S^2} \int_{S^2} (\tilde{q}(k\cos(\theta')-k\cos(\theta))\tilde{q}(k\cos(\theta)-$$
$$k\cos(\theta''))I_0k^3\Theta(\cos(\theta''))d\theta'd\theta''d\theta dk-$$

$$\int_{-\infty}^{+\infty} \int_{S^2} \int_{S^2} \int_{S^2} (\tilde{q}(k\cos(\theta')-k\cos(\theta))\tilde{q}(k\cos(\theta)-$$
$$k\cos(\theta''))I_0k^3\Theta(-\cos(\theta''))d\theta'd\theta''d\theta dk.$$

Integrujący , , i uzyskujemy dowód drugiej nierówności lemmy.

**Lemma 10**

Niech

$$\sup_k|T\_QK| \leq \alpha < \frac{1}{2C} < 1,\quad \sup_k|T\_\tilde{q}K| \leq \alpha < \frac{1}{2C} < 1,$$

$$\sup_k|T\_Q\tilde{q}K^2| \leq \alpha < \frac{1}{2C} < 1,\quad l = 0,1,2.$$

Potem,

$$\left|\int_{-\infty}^{+\infty} \int_{S^2} \int_{S^2} A(k,\theta',\theta)k^l dk d\theta' d\theta\right| \leq \left|\int_{-\infty}^{+\infty} \int_{S^2} \int_{S^2} \tilde{q}(k(\theta - \theta'))k^l dk d\theta' d\theta\right|$$

$$+ C \sup_{\theta\in S^2} \left|\int_{-\infty}^{+\infty} \int_{S^2} \int_{S^2} QTKAk^l d\theta'' d\theta' dk\right|,$$

$$\left|\int_{-\infty}^{+\infty} \int_{S^2} \int_{S^2} A(k,\theta',\theta)k^2 dk d\theta' d\theta\right| \leq \sup_{x\in R^3}|q| + C_0\|q\|_{W_2^1(R^3)}\|q\|_{L_2(R^3)}\left(\left|\int_{S^2} TKA d\theta''\right| + 1\right).$$

*Dowód.* Stosując definicję amplitudy, Lemmas 3 i 4 oraz lemma Jordanu uzyskuje się

$$\int_{-\infty}^{+\infty} \int_{S^2} \int_{S^2} A(k,\theta',\theta)k^l dk d\theta' d\theta =- \int_{-\infty}^{+\infty} \frac{1}{4\pi}\int_{S^2} \int_{S^2} \int_{R^3} q(x)\Psi_+(k,\theta,x)e^{-ik\theta' x}k^l dx dk d\theta' =$$

$$-\frac{1}{4\pi}\int_{S^2} \int_{S^2} \int_{R^3} q(x)\left[e^{ik\theta x} + \sum_{n\geq 1} (-T\_D)^n\Psi_0\right]e^{-ik\theta' x}k^l d\theta' dx dk$$

$$= \int_{-\infty}^{+\infty} \int_{S^2} \int_{S^2} \tilde{q}(k(\theta - \theta'))k^l dk d\theta' d\theta + \sum_{n\geq 1} W_n,$$

$$W_1 = \int_{R^3} \int_{-\infty}^{+\infty} \int_{S^2} \int_{S^2} \frac{sA(s,\theta'',\theta)e^{-ik\theta' x}q(x)e^{is\theta'' x}}{k-s} k^l dk dx ds d\theta' d\theta'',$$

$$|W_1| \leq C \sup_{\theta\in S^2} \left|\int_{-\infty}^{+\infty} \int_{S^2} \int_{S^2} QTKAk^l d\theta'' d\theta' dk\right|.$$

Podobnie,

$$|W_n| \leq C \sup_{\theta\in S^2} \left|\int_{-\infty}^{+\infty} \int_{S^2} \int_{S^2} QTKAk^l d\theta'' d\theta' dk\right| \left|\int_{S^2} TKA d\theta''\right|^n.$$

W końcu,

$$\left|\int_{-\infty}^{+\infty} \int_{S^2} \int_{S^2} A(k,\theta',\theta)dkd\theta'd\theta\right| \leq \left|\int_{-\infty}^{+\infty} \int_{S^2} \int_{S^2} \tilde{q}(k(\theta - \theta'))dkd\theta d\theta'\right|$$

$$+ C_0\|q\|^2_{L_2(R^3)}\left(\left|\int_{S^2} TKAd\theta''\right| + 1\right),$$

$$\left|\int_{-\infty}^{+\infty} \int_{S^2} \int_{S^2} A(k,\theta',\theta)k^2dkd\theta'\right| \leq \sup_{x\in R^3}|q| + C_0\|q\|^2_{L_2(R^3)}\left(\left|\int_{S^2} TKAd\theta''\right| + 1\right).$$

To uzupełnia dowód.

**Lemma 11** *Let*

$$\sup_k \int_{S^2} \left|\int_{-\infty}^{\infty} \frac{pA(p,\theta',\theta)}{4\pi(p-k+i0)}dp\right| d\theta < \alpha < 1/2, \quad \sup_k|pA(p,\theta',\theta)| < \alpha < 1/2.$$

Potem,

$$|T_-D\Psi_0| < \frac{\alpha}{1-\alpha}, \quad |T_+D\Psi_0| < \frac{\alpha}{1-\alpha}, \quad |D\Psi_0| < \frac{\alpha}{1-\alpha},$$

$$T_-g_- = (I - T_-D)^{-1}T_-D\Psi_0, \qquad \Psi_- = (I - T_-D)^{-1}T_-D\Psi_0 + \Psi_0,$$

oraz zaspokaja następujące nierówności:

$$\sup_{x\in R^3}|q(x)| \leq \left|\int_{S^2} TKQd\theta\right|C_0\left(\|q\|^2_{L_2(R^3)} + 1\right) + C_0\|q\|_{L_2(R^3)}.$$

*Dowód.* Używając równania

$$\Psi_+(k,\theta,x) - \Psi_-(k,\theta,x) = -\frac{k}{4\pi}\int_{S^2} A(k,\theta',\theta)\Psi_-(k,\theta',x)d\theta', k \in R,$$

możemy pisać

$$T_+g_+ - T_-g_- = D(T_-g_- + \Psi_0).$$

Zastosowanie do operatora do ostatniego równania, mamy

$$T_{-}g_{-} = T_{-}D(T_{-}g_{-} + \Psi_0),$$

$$(I - T_{-}D)T_{-}g_{-} = T_{-}D\Psi_0, \quad T_{-}g_{-} = \sum_{n\geq 0} (-T_{-}D)^n\Psi_0.$$

Szacując warunki serii, otrzymujemy za pomocą Lemma 4

$$|(T_{-}D)^n\Psi_0| \leq$$

$$\sum_{n\geq 0} \left| \int_{-\infty}^{\infty} \dots \int_{-\infty}^{\infty} \Psi_0 \prod_{0\leq j<n} \frac{\int_{S^2} k_j A(k_j,\theta'_{k_j},\theta_{k_j}) d\theta'_{k_j}}{4\pi(k_{j+1}) - k_j + i0)} dk_1 \dots d_{k_n} \right|$$

$$\leq \sum_{n>0} 2^n\alpha^n = \frac{2\alpha}{1-2\alpha}.$$

Oznaczenie

$$\Lambda = \frac{\partial}{\partial k}, \; r = \sqrt{x_1^2 + x_2^2 + x_3^2},$$

mamy

$$\Lambda \int_{S^2} \Psi_0 d\theta = \Lambda \frac{\sin(kr)}{ikr} = \frac{\cos(kr)}{ik} - \frac{\sin(kr)}{ik^2 r},$$

$$\Lambda \int_{S^2} H_0\Psi_0 d\theta = \Lambda k^2 \frac{\sin(kr)}{ikr} = k\frac{\cos(kr)}{i} + \frac{\sin(kr)}{ik^2 r},$$

$$\left|\Lambda \int_{S^2} \Psi d\theta\right| = \left|\Lambda \int_{S^2} \Psi_0 d\theta + \Lambda \int_{S^2} \sum_{n\geq 0} (-T_{-}D)^n\Psi_0 d\theta\right| > \left(\frac{1}{k} - \frac{\alpha}{1-\alpha}\right), \text{ as } kr = \pi,$$

oraz

$$\Lambda \frac{1}{k-t} = -\frac{1}{(k-t)^2}$$

Równanie (2) wydajności

$$q = \frac{\Lambda\left(H_0 \int_{S^2} \Psi d\theta + k^2 \int_{S^2} \Psi d\theta\right)}{\Lambda \int_{S^2} \Psi d\theta}$$

$$= \frac{2k \int_{S^2} \quad T_- g_- d\theta + k^2 \int_{S^2} \quad \Lambda T_- g_- d\theta + H_0 \Lambda \int_{S^2} \quad T_- g_- d\theta}{\Lambda \int_{S^2} \quad \Psi d\theta}$$

$$= \frac{2k \int_{S^2} \quad T_- g_- d\theta + \Lambda \int_{S^2} \quad \sum_{n \geq 1} \quad (-T_- D)^n (K^2 - k^2) \Psi_0 d\theta}{\Lambda \int_{S^2} \quad \Psi d\theta}$$

$$= \frac{W_0 + \sum_{n \geq 1} \quad \int_{S^2} \quad W_n}{\Lambda \int_{S^2} \quad \Psi d\theta}.$$

Oznaczenie

$$Z(k,s) = s + 2k + \frac{2k^2}{k-s},$$

Mamy więc

$$|W_1| \leq \left| \int_{-\infty}^{+\infty} \quad \int_{S^2} \quad \int_{S^2} \quad A(s,\theta,\theta') s \frac{s^2 - k^2}{(k-s)^2} \Psi_0 \sin(\theta) ds d\theta \right|_{k = k_0}$$

$$\leq \left| \int_{-\infty}^{+\infty} \quad \int_{S^2} \quad \int_{S^2} \quad Z(k,) \tilde{q}(k(\theta - \theta')) \Psi_0 dk d\theta \right| + C_0 \left| \int_{S^2} \quad TKQ d\theta \right|.$$

Do obliczania jako . take the simple transformation

$$\frac{s_n^3}{s_n - s_{n-1}} = \frac{s_n^3 - s_n^2 s_{n-1}}{s_n - s_{n-1}} + \frac{s_n^2 s_{n-1}}{s_n - s_{n-1}} = s_n^2 + \frac{s_n^2 s_{n-1}}{s_n - s_{n-1}}$$

_______________________ _________ (6)

$$\frac{A s_n^3}{s_n - s_{n-1}} = A s_n^2 + A s_n s_{n-1} + \frac{A s_n s_{n-1}^2}{s_n - s_{n-1}} = V_1 + V_2 + V_3.$$

Użycie Lemmy 10 do oszacowania oraz oraz, dla biorąc ponownie tę prostą transformację za które pojawią się w integracji nad w końcu dostajemy

$$|q(x)|_{r = r_0} = \left| \frac{\Lambda\left(H_0 \int_{S^2} \quad \Psi d\theta + k^2 \int_{S^2} \quad \Psi d\theta\right)}{\Lambda \int_{S^2} \quad \Psi d\theta} \right|_{k = k_0, r = \frac{\pi}{k_0}}$$

$$\leq \frac{\left|\int_{-\infty}^{+\infty} \int_{S^2} \int_{S^2} Z(k,)\tilde{q}(k(\theta-\theta'))\Psi_0 dk d\theta d\theta'\right| + C_0\left|\int_{S^2} TKQd\theta\right|}{\left(\frac{1}{k_0}\frac{\alpha}{(1-\alpha)}\right)} +$$

W końcu, otrzymujemy

$$|q(x)|_{r=r_0} \leq \sup_{x\in R^3}|q(x)|\alpha + C_0\|q\|^2_{L_2(R^3)} + C_0\|q\|_{L_2(R^3)} + \left|\int_{S^2} TKQd\theta\right|.$$

Odwrócenie równań Schrödingera w odniesieniu do tłumaczeń i arbitralność zysk

$$\sup_{x\in R^3}|q(x)| \leq \left|\int_{S^2} TKQd\theta\right| C_0\left(\|q\|^2_{L_2(R^3)} + 1\right) + C_0\|q\|_{L_2(R^3)}.$$

## 4 *Omówienie trójwymiarowego problemu odwrotnego rozpraszania światła*

Badanie to po raz kolejny pokazało wybitne właściwości operatora rozpraszającego, co w połączeniu z właściwościami analitycznymi funkcji fali pozwala na uzyskanie prawie jednoznacznych wzorów na potencjał z amplitudy rozpraszania. Co więcej, to podejście. Wynikające z tego szacunki pokonują problem przedawnienia, wynikający z faktu, że potencjał jest funkcją trzech zmiennych, podczas gdy amplituda jest funkcją pięciu zmiennych. Pokazaliśmy, że wystarczy uśrednić amplitudę rozpraszania, aby wyeliminować dwie dodatkowe zmienne.

## 5 *Badanie właściwości rozwiązań problemu Cauchy'ego dla równań Navier-Stokes przy użyciu funkcji analitycznych generowanych przez równania Schrödingera i związanych z problemem Poincaré-вЂ"-RiemannвЂ"-Hilbert*

Liczne opracowania równań Navier-Stokes zostały poświęcone problemowi gładkości jego rozwiązań. Dobry przegląd tych badań znajduje się w publikacji Refs. [13–17]. Zróżnicowanie przestrzenne rozwiązań jest ważnym czynnikiem, ponieważ kontroluje ich ewolucję. Oczywiście, różne rozwiązania nie zapewniają skutecznego opisu turbulencji. Niemniej jednak nie udowodniono globalnej wypłacalności i zróżnicowania rozwiązań, w związku z czym problem opisu zawirowań pozostaje otwarty. Interesujące jest zbadanie właściwości transformacji Fouriera rozwiązań równań Navier-Stokes. Szczególnie interesujące jest to, jak można je wykorzystać w opisie turbulencji i czy są one zmienne. Różnorodność takich transformacji Fouriera wydaje się być związana z pojawieniem się lub zanikiem rezonansu, ponieważ oznacza to brak dużych przepływów energii od małych do dużych harmonicznych, co z kolei wyklucza pojawienie się turbulencji. Dlatego też uzyskanie jednolitych oszacowań globalnych transformacji Fouriera rozwiązań równań Navier-Stokes'a oznacza, że podstawowe modelowanie złożonych przepływów i związane z tym obliczenia będą oparte na metodzie transformacji Fouriera. Kontynuujemy badania nad tymi zagadnieniami w odniesieniu do numerycznego modelu prognozowania pogody; niniejszy dokument zawiera teoretyczne uzasadnienie tego podejścia.

Rozważcie problem Cauchy'ego dla równań Navier-Stokes:

$$\rightarrow \rightarrow \rightarrow \rightarrow \rightarrow \rightarrow - \quad (7)$$

$$\rightarrow \quad \rightarrow \quad (8)$$

w domenie w przypadku

(9)

Problem określony przez (7)-(9) ma co najmniej jedno słabe rozwiązanie w tzw. klasie Leray-Hopf [16]. Udowodniono następujące wyniki [15]:

**Twierdzenie 4** *Jeżeli*

$$\vec{v}_0 \in W_2^1(R^3), \vec{f}(x,t) \in L_2(Q_T),$$

istnieje jedno uogólnione rozwiązanie (7)-(9) w domenie , spełniający następujące warunki:

$$\vec{v}, \nabla^2\vec{v}, \quad \nabla p \in L_2(Q_T).$$

Zwróć uwagę na to, że zależy od oraz .

**Lemma 12** *Jeśli pozwolimy Następnie rozwiązanie (7)-(9) spełnia następujące nierówności:*

$$\sup_{0\le t\le T} ||\vec{v}||^2_{L_2(R^3)} + \nu\int_0^t \quad ||\nabla\vec{v}||^2_{L_2(R^3)} d\tau \le \; ||\vec{v}_0||^2_{L_2(R^3)} + ||\vec{f}||_{L_2(Q_T)},$$

$$\sup_{0\le t\le T} ||\vec{\nabla} v||^2_{L_2(R^3)} + \nu\int_0^t \quad ||H_0\vec{v}||^2_{L_2(R^3)} d\tau$$

$$\le ||\nabla\vec{v}_0||^2_{L_2(R^3)} + ||\vec{f}||_{L_2(Q_T)} + \int_0^t \quad ||(\vec{v},\nabla\vec{v})||_{L_2(R^3)} ||H_0\vec{v}||_{L_2(R^3)},$$

$$\nu\int_0^t \quad ||H_0\vec{v}||^2_{L_2(R^3)} d\tau \le C + \frac{1}{\nu}\int_0^t \quad ||(\vec{v},\nabla\vec{v})||^2_{L_2(R^3)} dt.$$

**Lemma 13** *Let oraz . Następnie, roztwór (7)-(9) spełnia następujące warunki:*

$$\tilde{\vec{v}} = \tilde{\vec{v}}_0 + \int_0^t \quad e^{-\nu k^2 |(t-\tau)} ([\widetilde{(\vec{v},\nabla)\vec{v}}] + \tilde{\vec{F}}) d\tau,$$

gdzie $\longrightarrow$ .

*Dowód.* Wynika to z definicji transformacji Fouriera i teorii liniowych równań różniczkowych.

Pozwól nam przedstawić operatorów oraz jak

$$F_k f = \int_{R^3} e^{i(k,x)} f(x)dx, \; F_{kk'} f = \int_{R^3} e^{i(k,x)-i(x,k')} f(x)dx,$$

$$\vec{\tilde{v}}(k) = F_k \vec{v}, \; \vec{V}(k,k') = F_{kk'} \vec{v} = \int_{R^3} e^{i(k,x)-i(x,k')} \vec{v} dx.$$

**Lemma 14** *Let* $\longrightarrow$ , $\longrightarrow$ *i* | || || | *. Następnie, rozwiązanie (7)-(9) w twierdzeniu 4 spełnia następujące nierówności:*

$$|\tilde{v}(k)| < C,$$

$$|TK\tilde{v}(k)| < C_0 ||v||_{L_2(R^3)} + \frac{C_0 t}{\sqrt{\nu}} ||\nabla v||_{L_2(R^3)} ||v||_{L_2(R^3)}.$$

*Dowód.* Wynika to z

$$\vec{v} =- (\vec{v}\nabla)\vec{v} + (\nu\vec{v} + \nabla p) + F,$$

$$\vec{\tilde{v}} = \vec{\tilde{v}}_0 + \int_0^t e^{-\nu k^2 (t-\tau)} F_k(- (\vec{v},\nabla)\vec{v}) + \nabla p + F) d\tau.$$

Z ostatniego równania, które mamy

$$|\vec{v}| \leq |\vec{v}_0| + C_T.$$

Oznaczenie

$$\beta = \sqrt{\nu(t-\tau)}, \; a = \theta x$$

wzór 121 (23) z [11] jako wydajność

$$|TK\vec{v}| < \left|ke^{-\beta^2k^2}\right| + \sqrt{\pi}\beta^{-1}e^{-\frac{a^2}{8\beta^2}}D_0\left(\frac{a}{\sqrt{2}\beta}\right),$$

$$|TK\vec{v}| \leq |TK\vec{v}_0|$$

$$+\left|TK\int_0^t \quad e^{-\nu k^2(t-\tau)}F_k(-(\vec{v},\nabla)\vec{v}] + \nabla p + F)dk\right|$$

$$\leq |TK\vec{v}_0| + \int_0^t \quad \left|ke^{-\beta^2k^2}\right| + \left|\sqrt{\pi}\beta^{-1}e^{-\frac{a^2}{8\beta^2}}D_0(\frac{a}{\sqrt{2}\beta})\right| ||\nabla\vec{v}||_{L_2(R^3)}dt$$

$$\leq C_0||v||_{L_2(R^3)} + \frac{C_0t}{\sqrt{\nu}}||\nabla v||_{L_2(R^3)}||v||_{L_2(R^3)}.$$

**Lemma 15** *Let* $\vec{}$ , $\vec{}$ *i* | || | | | *Następnie,* *rozwiązanie (7)-(9) w twierdzeniu 4 spełnia następujące nierówności:*

$$|\vec{V}(k,k')| < C, \ k|\vec{V}(k,k')| < \frac{C}{\sqrt{(1-\cos(\theta))}},$$

$$|T\vec{V}K| < C_0||v||_{L_2(R^3)} + \frac{C_0t}{\sqrt{\nu(1-\cos(\theta))}}||\nabla v||_{L_2(R^3)}||v||_{L_2(R^3)}.$$

*Dowód.* Wynika to z

$$\vec{V} =- F_{kk'}[(\vec{v},\nabla)\vec{v}] + F_{kk'}(\nu\Delta\vec{v} + \nabla p) + F_{kk'}F.$$

Po przekształceniach, otrzymujemy

$$\vec{V} =- F_{kk'}[(\vec{v}\nabla)\vec{v}] + (\nu_kF_{kk'}\vec{v} + F_{kk'}\nabla p) + F_{kk'}F,$$

$$\vec{V} = \vec{V}_0 + \int_0^t e^{-\nu k^2(1-\cos(\theta))(t-\tau)}(- F_{kk'}[(\vec{v},\nabla)\vec{v}] + F_{kk'}\nabla p + F_{kk'}F).$$

Z ostatniego równania wynika, że mamy

$$|\vec{V}| \leq |\vec{V}_0| + C_0 \int_0^t ||\nabla v||_{L_2(R^3)}||v||_{L_2(R^3)}d\tau.$$

Oznaczenie $\sqrt{\ }$, wzór 121 (23) z [11] jako wydajność

$$\left|TK\vec{V}\right| < \left|ke^{-\beta^2k^2}\right| + \sqrt{\pi}\beta^{-1}e^{-\frac{a^2}{8\beta^2}}D_0\left(\frac{a}{\sqrt{2}\beta}\right),$$

$$\left|TK\vec{V}\right| \leq \left|TK\vec{V}_0\right|$$

$$+\left|TK\int_0^t e^{-\nu k^2(1-\cos(\theta))(t-\tau)}(- F_{kk'}(\vec{v},\nabla)\vec{v}] + F_{kk'}\nabla p + F_{kk'}F)dk\right|$$

$$\leq \left|TK\vec{V}_0\right| + \int_0^t \left|ke^{-\beta^2k^2}\right| + \left|\sqrt{\pi}\beta^{-1}e^{-\frac{a^2}{8\beta^2}}D_0\left(\frac{a}{\sqrt{2}\beta}\right)\right| ||\nabla\vec{v}||_{L_2(R^3)}||\vec{v}||_{L_2(R^3)}dt$$

$$< C_0||v||_{L_2(R^3)} + \frac{C_0 t}{\sqrt{\nu(1-\cos(\theta))}}||\nabla v||_{L_2(R^3)}||v||_{L_2(R^3)}.$$

**Twierdzenie 5** *Let* $\longrightarrow$ $\longrightarrow$ , $\overrightarrow{\leftarrow}$ ,

$|\quad ||\quad |\Big|$ $\overrightarrow{\leftarrow}$ $\Big|i\ \int$ $\longrightarrow$ *. Następnie, rozwiązanie (7)-(9) w twierdzeniu 4 spełnia następujące nierówności:*

$$\sup_{x\in R^3}||\vec{v}(x)|| < C,$$

$$||\nabla\vec{v}||_{L_2(R^3)} + \nu\int_0^T \int_{R^3} |H_0\vec{v}|^2 dxd\tau \leq const.$$

*Dowód.* Rozważcie problem Cauchy'ego dla równań Navier-Stokes:

(10)

(11)

w domenie w przypadku

(12)

Przeprowadzamy następujące transformacje:

$$\vec{u}_\varepsilon = \varepsilon\vec{v},\ p_\varepsilon = p\varepsilon,\ f_\varepsilon = f\varepsilon^2,\ \nu_\varepsilon = \varepsilon\nu, s = \frac{t}{\varepsilon}.$$

Potem,

(13)

(14)

w domenie w przypadku

(15)

Wróćmy dla wygody do notacji używając równania dla każdego .

To daje nam

$$-\Delta_x\Psi + v_i\Psi = k^2\Psi, k \in C.$$

Używając Lemmas 12-15, otrzymujemy szacunki dla

$$A_i,\ \vec{V}_i,\ TA_i,\ T\vec{V}_i,\ kA_i, k\vec{V}_i,\ TKA_i,\ TK\vec{V}_i,\ TK\tilde{v}_i,\ TK^2V\tilde{v}_i.$$

Ostatnie szacunki dają reprezentację

$$q = \frac{\Lambda\left(H_0\int_{S^2}\ \Psi d\theta + k^2\int_{S^2}\ \Psi d\theta\right)}{\Lambda\int_{S^2}\ \Psi d\theta}\Big|_{r=\frac{\pi}{k_0}, k=k_0},$$

a Lemma 11 oznacza

$$||\nabla\vec{v}||^2_{L_2(R^3)} + \nu_\varepsilon\int_0^t\ ||H_0\vec{v}||^2_{L_2(R^3)}d\tau \le \int_0^\infty\ ||(\vec{v})||_{L_2(R^3)}||||H_0\vec{f}||_{L_2(R^3)}d\tau +$$

$$||\nabla\vec{v}_0||^2_{L_2(R^3)} + \frac{C_0}{\nu_\varepsilon}\int_0^t \left(\frac{C_1}{\nu_\varepsilon}||(\nabla\vec{v})||^2_{L_2(R^3)}||(\vec{v})||^2_{L_2(R^3)} + ||\vec{v}||^2_{L_2(R^3)}\right)||(\nabla\vec{v})||^2_{L_2(R^3)}d\tau.$$

Oznaczenie

$$\alpha(s) = \frac{C_0}{\nu_\varepsilon}\left(\frac{C_1}{\nu_\varepsilon}||(\nabla\vec{v})||^2_{L_2(R^3)}||(\vec{v})||^2_{L_2(R^3)} + ||\vec{v}||^2_{L_2(R^3)}\right),$$

$$\int_0^{\frac{T}{T\varepsilon\nu}} \alpha(s)ds \leq \int_0^{\frac{1}{\nu\varepsilon}} \frac{C_0}{\nu_\varepsilon}\left(\frac{C_1}{\nu_\varepsilon}||(\nabla\vec{v})||^2_{L_2(R^3)}||(\vec{v})||^2_{L_2(R^3)} + ||\vec{v}||^2_{L_2(R^3)}\right)ds$$

$$\leq \frac{C_0C_1}{\nu_\varepsilon^3}\sup_t||(\vec{v})||^2_{L_2(R^3)}\int_0^\infty \nu_\varepsilon||(\nabla\vec{v})||^2_{L_2(R^3)}||ds + \frac{C_0}{\nu_\varepsilon}\sup_t||(\vec{v})||^2_{L_2(R^3)}$$

$$\leq \frac{C_0\varepsilon^4}{\varepsilon\nu_\varepsilon^3} + \frac{C_0\varepsilon^{2\frac{\nu}{\varepsilon}}}{\nu_\varepsilon} \leq 2C_0.$$

Jak Gronwall-Bellman plony lemmy

$$||\nabla\vec{v}||^2_{L_2(R^3)} + \nu_\varepsilon\int_0^t \int_{R^3} |H_0\vec{v}|^2dxd\tau \leq ||\nabla\vec{v}_0||^2_{L_2(R^3)}e^{2C_0}$$

$$+ e^{2C_0}\int_0^\infty ||(\vec{v})||_{L_2(R^3)}||||H_0\vec{f}||_{L_2(R^3)}d\tau.$$

Twierdzenie 5 potwierdza globalną rozwiązywalność i wyjątkowość problemu Cauchy'ego dla równań Navier-Stokes.

## 6 *Dyskusja*

Jak zauważono we wstępie, kluczową metodą badania problemu Cauchy'ego dla równań Navier-Stokes jest jego redukcja do problemu Poincaré-Riemanna-Hilberta. Badając funkcje falowe dla Schr ¨ ingerując w równanie generowanych składowych prędkości, otrzymujemy unikalne oszacowania dla prędkości maksymalnej. Jednolite oszacowania globalne transformacji Fouriera rozwiązań równań Navier-Stokesa wskazują, że modelowanie podstawowe złożonych przepływów i związane z tym obliczenia mogą być oparte na metodzie transformacji Fouriera. W przypadku transformacji Fouriera, zarówno w płynnych warunkach początkowych, jak i po prawej stronie, w trybach prędkości i ciśnienia nie występują żadne zaostrzenia. Utraty płynności w zakresie transformacji Fouriera można oczekiwać tylko w przypadku pojedynczych warunków początkowych lub nieograniczonych sił w zakresie . Opracowana przez nas teoria jest poparta obliczeniami numerycznymi przeprowadzonymi w Refs. [18-20], gdzie wyraźnie wydedukowano zależność gładkości rozwiązania od oscylacji układu.

# 7 *Ograniczenie hipotezy Riemanna do problemu Poincaré-Riemanna-Hilberta*

Niniejsze opracowanie dotyczy właściwości zmodyfikowanych funkcji zeta. Funkcja zeta Riemanna jest zdefiniowana w serii Dirichlet. Niniejsze opracowanie dotyczy właściwości zmodyfikowanych funkcji zeta. Funkcja zeta Riemanna jest zdefiniowana przez serię Dirichlet

$$\sum \quad — \tag{16}$$

który jest absolutnie i jednolicie zbieżny w każdym skończonym regionie kompleksu -samolot, dla którego Jeśli następnie jest reprezentowany przez następującą formułę produktu Euler

$$\prod \quad [—] \tag{17}$$

gdzie przekracza wszystkie liczby główne. został wprowadzony po raz pierwszy przez Eulera w 1737 roku [21], który również otrzymał recepturę (2). Dirichlet i Chebyshev rozważali tę funkcję w swoich badaniach nad rozkładem liczb pierwszych [22]. Jednak najgłębsze właściwości zostały odkryte dopiero później, gdy został przedłużony do złożonego samolotu. W 1876 roku Riemann [23] udowodnił, że pozwala na analityczną kontynuację całego -samolot w następujący sposób:

$$\int \tag{18}$$

gdzie jest funkcja gamma i

$$\theta(x) = \sum_{n=1}^{\infty} \quad \exp(-\pi n^2 x).$$

jest regularną funkcją dla wszystkich wartości z wyjątkiem gdzie ma prosty słupek z pozostałościami Co więcej, spełnia ono następujące równanie funkcjonalne:

$$\tag{19}$$

Równanie to nazywane jest równaniami funkcjonalnymi Riemanna.

Funkcja zeta Riemanna jest ważnym przedmiotem badań i ma wiele ciekawych uogólnień. Rola funkcji zeta jest bardzo istotna w teorii liczb, gdzie jest ona związana z różnymi podstawowymi funkcjami, takimi jak funkcja Möbiusa, funkcja Liouville'a, liczba dzielników i liczba głównych dzielników. Szczegółowa teoria funkcji zeta przedstawiona jest w [24]. Funkcja zeta znalazła zastosowanie w różnych innych dziedzinach, zwłaszcza w kwantowej mechanice statystycznej i kwantowej teorii pola [25-27]. Funkcja zeta Riemanna jest często wprowadzana w formułach statystyk kwantowych. Znanym przykładem jest prawo Stefana-Boltzmana dotyczące promieniowania ciała czarnego. Jego wszechobecne wykorzystanie w pozornie niepowiązanych ze sobą obszarach wskazuje na konieczność dalszego dochodzenia.

Niniejsze opracowanie dotyczy właściwości analitycznych następujących uogólnionych funkcji zeta:

$$P(s) = \sum_{j\geq 1} \frac{1}{p_j^s}, Re(s) > 1 + \delta, \delta > 0,$$

gdzie to coraz częstsze wyliczanie wszystkich liczb głównych. Forma sugeruje, że posiada on te same właściwości co funkcja zeta; nie jest to jednak całkiem oczywiste i można to dostrzec rozważając.

$$ln(\zeta(s)) = \sum_{n=1}^{\infty} P(ns)/n, \ Re(s) > 1 + \delta, \delta > 0.$$

Hadamard był pierwszym, który złożył wniosek w badaniu funkcji zeta [28]. Chernoff dokonał znaczącego postępu w hipotezie Riemanna stosując [29]. W niniejszym opracowaniu uzyskano modyfikacje wyników Chernoffa. Konkretnie, jego badania nad funkcją pseudo zeta zostały zakończone. Chernoff uzyskał równoważne sformułowanie hipotezy Riemanna w zakresie funkcji pseudo zeta w następujący sposób.

TEORIA. (Chernoff) Niech

$$C(s) = \prod_{n>1} \left[1 - \frac{1}{(nln(n))^s}\right]^{-1}$$

. Potem, kontynuuje analitycznie do paska krytycznego i nie ma tam zer.

Znaczenie tego twierdzenia jest takie, że gdyby primesy były rozprowadzane bardziej regularnie (tj. gdyby ), wtedy hipoteza Riemanna byłaby trywialnie prawdziwa. W dążeniu do dalszego rozwoju twórczości Chernoffa i Hadamarda pojawia się naturalnie następujące pytanie: Czy pseudo zeta działa kontynuuje analitycznie w pasie krytycznym? Należy zauważyć, że analityczne rozszerzenia zostały po raz pierwszy zbadane przez E. Landaua i A. Walvisa [30] i T. Estarmanna [31], [32]; nie ma jednak zadowalających szacunków dla zostały uzyskane, a niniejsze opracowanie dotyczy tej kwestii.

TEORIA. ( E. Landau, A. Walvis, T. Estarmann)

Niech ¨ . Potem,

$$P(s) = \sum_{n\geq 1} \frac{\mu(n) ln\zeta(ns)}{n} \quad as \quad Re(s) > 1 + \delta, \ \delta > 0,$$

$$P_0(s) = \sum_{n\geq 1} \frac{\mu(n) ln\zeta(ns)}{n} - meromorphic \ function \ as \ Re(s) > \delta, \ \delta > 0.$$

Wprowadzamy następujące analogi funkcji P(s):

$$Q_2(s) = ln(\zeta(s)) - \sum_{n=m}^{\infty} P(ns)/n, \ Re(s) > 1/2 + \delta,$$

$$\Sigma \qquad (20)$$

Papier jest zorganizowany w następujący sposób. W pierwszej kolejności uzyskuje się szacunki pośrednie dla . Następnie definiowane są zestawy, w których logarytm funkcji zeta jest jednoznacznie określony. Zestawy te składają się z prostokątów, w których funkcja zeta nie ma korzeni, i obejmują cały pas krytyczny z wyjątkiem prostokątnych regionów, w których znajdują się zera funkcji zeta. W prostokątach, w których nie ma zer funkcji zeta, można określić rzeczywistą wartość jej logarytmu, a w tych zbiorach badane jest lustrzano-symetryczne równanie, które powstaje przez przyjęcie logarytmu po obu stronach równania funkcjonalnego Riemanna. Następnie stosuje się do niej transformatę Fouriera i mnoży się ją przez czynnik regulujący. W ten sposób uzyskuje się problem wartości granicznej Riemanna-Hilberta dla Właściwości rozwiązania problemu wartości granicznych Riemanna-Hilberta wyrażają się w przekształceniu integralnym Hilberta. W prostokątach, w których funkcja zeta nie ma korzeni, można zastosować transformatę Hilberta, aby uzyskać dokładne dolne granice dla funkcji zeta w pasku krytycznym.

## *8 WYNIKI*

Jak wspomniano we Wprowadzeniu, najpierw uzyskuje się pewne proste szacunki pośrednie.

Prostokąty, w których funkcja zeta nie ma zer, są najpierw wprowadzane w następujący sposób:

$D_+(n,\varepsilon) = (s|1/2+\varepsilon < Re(s) < 3/2-\varepsilon, Im(s_n) < Im(s) < Im(s_n) + d_n,1 < |Im(s)|)$

$D_-(n,\varepsilon) = (s|1/2+\varepsilon < Re(s) < 3/2-\varepsilon, -Im(s_n) - d_n < Im(s) <- Im(s_n),1 < |Im(s)|)$

Gdzie

$$\zeta(s_{n+1}) = 0, \zeta(s_n) = 0, \zeta(1-s_n) = 0,\zeta(1-s_{n+1}) = 0, \ \zeta(1-s_n) = 0,$$

$$d_n = (Im(s_{n+1}) - Im(s_n)), \ |s_n - s_{n+1}| > 0$$

Stan jest konieczne, aby wykluczyć punkt bieguna funkcji zeta. Ograniczenie to nie ogranicza naszego rozumowania, gdyż wykazano w [35], że zera funkcji zeta najbliższe osi rzeczywistej leżą na linii krytycznej.

**Twierdzenie 6** *Let* , —— *Potem,*

$$\sup_{s\in D_+(n,\varepsilon)\cup D_-(n,\varepsilon)} |F(\tau+i\alpha)| + \sup_{s\in D_+(n,\varepsilon)\cup D_-(n,\varepsilon)} |\frac{dF(\tau+i\alpha)}{d\tau}| < CC_n$$

*Dowód.* Jak sugeruje, że F - jest holomorficzne, co dopełnia dowód.

Jak wspomniano we wstępie, należy uzyskać problem wartości granicznej Riemanna-Hilberta. W tym celu należy wyprowadzić równanie, które określa różnicę pomiędzy wartościami granicznymi funkcji analitycznych w płaszczyźnie górnej i dolnej.

**Definicja 2 nazwijmy** *regularne rozwiązanie równania funkcjonalnego (19) funkcją analityczną w domenie spełnia następujący warunek:*

1. $\Sigma$
2.

- przykład nieregularnego rozwiązania równania( 4).

**Lemma 16** *W domenie istnieje unikalne, regularne rozwiązanie równania (19) .*

*Dowód.* Istnienie wynika z faktu, że funkcja zeta spełnia to równanie. Rozważmy różnicę między tymi dwoma rozwiązaniami, zgodnie z warunkami Lemmy, dla różnicy mamy funkcję analityczną, która jest zerowa na zestawie niezerowej miary, z której jego tożsamość jest zerowa.

**Lemma 17** *Let następnie*

$$\sum_{m=2}^{\infty} \quad |P(ms)/m| < CC_{\varepsilon}$$

*Dowód.* Szacunki szeregów harmonicznych dają następujące dane szacunkowe

$$\sum_{m=2}^{\infty} \quad |P(mz)/m| \leq \sum_{m=2}^{\infty} \quad |P(mz)/m| \leq C_{\varepsilon} \sum_{m=2}^{\infty} \quad | - 2^{m\varepsilon}/m| < CC_{\varepsilon}$$

Jak wspomniano we wstępie, należy uzyskać Riemann вЂ" Gilbert - problem wartości granicznej. W tym celu należy wyprowadzić równanie, które określa różnicę między wartościami granicznymi funkcji analitycznych w płaszczyźnie górnej i dolnej.

**Twierdzenie 7** *jako*

$$s \in D_+(n,\varepsilon),\ F_2(s) = Re\left(F(s) - \sum_{n=2}^{\infty} \quad P(ns)/n\right)$$

Oznacza to, że

$$Q_2(s) = ln|\zeta(1-s)| + F_2(s),$$

$$\sup_{s\in D_+(n,\varepsilon)} |F_2(s)| < C_2 C_n.$$

*Dowód.* Jak (20) otrzymać równanie dla . Szacunek dla wynika z Lemmy 17.

Dla sformułowania problemu wartości granicznej Riemanna вЂ" Hilberta konieczne jest przeprowadzenie szeregu przekształceń. Niektóre wstępne argumenty sugerują, że transformacja Fouriera jest właściwym wyborem. W "Riemann вЂ" Hilberta problemy wartości granicznych, asymptotyczne zachowanie nieznanych funkcji jest bardzo ważne. Aby zapewnić takie zachowanie, konieczne jest przeprowadzenie oceny. Wprowadzamy funkcje , , , i ich transformacja Fouriera. Poniżej wykorzystamy również funkcję Heaviside. ,

$$Q_\varepsilon(s) = Q_2(s)\theta(Re(s) - 1/2 - \varepsilon)),\quad L_\varepsilon(1-s) = ln|\zeta(1-$$
$$s)|\theta(Re(s) - 1/2 - \varepsilon)$$

$$R(k) = \frac{e^{-ik}}{k-ia} + 1\ ,F_\varepsilon(s) = F_2(s)\theta(Re(s) - 1/2 - \varepsilon);$$

$$J_\varepsilon(k,\alpha) = \frac{1}{\sqrt{2\pi}}\int_\varepsilon^{1-\varepsilon} \quad L_\varepsilon(\tau - i\alpha)e^{ik\tau}d\tau\ ,I_\varepsilon(k,\alpha) = \frac{1}{\sqrt{2\pi}}\int_\varepsilon^{3/2-\varepsilon} \quad Q_\varepsilon(\tau +$$

$i\alpha)e^{-ik\tau}d\tau.$

$$\frac{1}{\sqrt{2\pi}}\int_{\varepsilon}^{3/2-\varepsilon} L_\varepsilon(1-\tau-i\alpha)e^{-ik\tau}d\tau = \frac{e^{-ik}}{\sqrt{2\pi}}\int_{\varepsilon}^{1-\varepsilon} L_\varepsilon(\tau-i\alpha)e^{ik\tau}d\tau +$$

$$\sqrt{2\pi}\int_{1-\varepsilon}^{3/2-\varepsilon} L_\varepsilon(1-\tau-i\alpha)e^{-ik\tau}d\tau = e^{-ik\tau}J_\varepsilon(k,\alpha) + S_\varepsilon(k,\alpha);$$

$$\widetilde{Q_\varepsilon}(k,\alpha) = \frac{1}{\sqrt{2\pi}}\int_{\varepsilon}^{3/2-\varepsilon} Q_\varepsilon(\tau+i\alpha)e^{-ik\tau}d\tau, \widetilde{F_\varepsilon}(k,\alpha) =$$

$$\frac{1}{\sqrt{2\pi}}\int_{\varepsilon}^{3/2-\varepsilon} F_\varepsilon(\tau+i\alpha)e^{-ik\tau}ds.$$

Aby uzyskać problem wartości granicznej Riemanna-Hilberta, wymagana jest następująca lemma.

**Lemma 18** *Let* *następnie*

*Dowód.* Z definicji

$$ind(R) = \frac{1}{2\pi i}\int_{-\infty}^{+\infty} \frac{R(k)'}{R(k)}dk$$

Jak

$$Im(k) < 0, |e^{-ik}| < 1 \ and \ |k-ia| > 2 \ yield \ \frac{R(k)'}{R(k)}$$

nie mają żadnego słupa. Najnowsze oświadczenie i plony Lemmy Jordanii .

Do uzyskania niezbędnej asymptotyki potrzebna jest następująca lemma.

**Lemma 19** *Let*

$$a > 2$$

następnie jest jednowymiarowa fuzja analityczna w dolnej połowie płaszczyzny.

*Dowód.* Jak

$$Im(k) \leq 0$$

yeild

$$Re(R(k)) = 1 + Re\left[\frac{e^{ik}}{k-ia}\right] > 0$$

co uzupełnia dowód.

Oznaczenie oraz ———————

jest korzeniem mnogości jak Poniżej przedstawione są wyniki z [34]

**Twierdzenie Backlunda R.**

Niech następnie

$$\rho(s_n) < C_0 ln|s_n|.$$

Wszystkie argumenty podane poniżej opierają się na założeniu błędu hipotezy Riemanna, tj. . Pod koniec naszej pracy natkniemy się na sprzeczność z naszym założeniem, z którego wynikać będzie prawda hipotezy Riemanna

**Lemma 20** *Let* —, *i*

Następnie, mamy następujące szacunki jako :

$$\sup_{Ims_n < \alpha < Ims_n + d_n} \int_{\varepsilon}^{3/2-\varepsilon} |Q_\varepsilon(\tau + i\alpha)|^2 + |Q_\varepsilon(\tau + i\alpha)| d\tau < C_n C_{\varepsilon_n} C_{\gamma_n}.$$

$$\sup_{-Ims_n < \alpha < -Ims_n + d_n} \int_{\varepsilon}^{3/2-\varepsilon} |L_\varepsilon(\tau - i\alpha)|^2 + |L_\varepsilon(\tau - i\alpha)| d\tau < C_n C_{\varepsilon_n} C_{\gamma_n}.$$

$$\sup_{Ims_n < \alpha < Ims_n + d_n} \int_{\varepsilon}^{3/2-\varepsilon} |F_\varepsilon(\tau + i\alpha)|^2 + |F_\varepsilon(\tau + i\alpha)| d\tau < C_n C_{\varepsilon_n} C_{\gamma_n}.$$

$$\sup_{-Ims_n < \alpha < -Ims_n + d_n} \int_{1-\varepsilon}^{3/2-\varepsilon} |S_\varepsilon(\tau - i\alpha)|^2 + |S_\varepsilon(\tau - i\alpha)| d\tau < C_n C_{\varepsilon_n} C_{\gamma_n}.$$

*Dowód.* Zdecydowanie ,

$$I_Q = \int_{\varepsilon}^{3/2-\varepsilon} |Q_\varepsilon(\tau + i\alpha)|^2 + |Q_\varepsilon(\tau + i\alpha)| d\tau <$$

$$\int_{\varepsilon}^{3/2-\varepsilon} \theta(Re(s) - 1/2 - \varepsilon)\big(|ln|\zeta(\tau + i\alpha)||^2 + |ln|\zeta(\tau + i\alpha)|| +$$
$$|\textstyle\sum_{n=2}^{\infty} P(ns)/n|\big) d\tau \leq$$

$$C_\varepsilon + \int_{\varepsilon}^{3/2-\varepsilon} \left|ln\left|\frac{\zeta(\tau+i\alpha)}{\omega(\tau+i\alpha)}\right|\right|^2 + \left|ln\left|\frac{1}{\omega(\tau+i\alpha)}\right|\right|^2 + \left|ln\left|\frac{\zeta(\tau+i\alpha)}{\omega(\tau+i\alpha)}\right|\right| + \left|ln\left|\frac{1}{\omega(\tau+i\alpha)}\right|\right| d\tau$$

Oznaczenie

$$L_{max} = \max_{s\in D_+(n,\varepsilon)\cup D_-(n,\varepsilon)} \left|\frac{\zeta(s)}{\omega(s)}\right|, \; L_{min} = \min_{s\in D_+(n,\varepsilon)\cup D_-(n,\varepsilon)} \left|\frac{\zeta(s)}{\omega(s)}\right|$$

$$I_Q < C_\varepsilon + \left|ln\left|L_{max} + \frac{1}{L_{min}}\right|\right| + \left|ln\left|L_{max} + \frac{1}{L_{min}}\right|\right|^2 + C_{\gamma_n} \int_{\varepsilon}^{3/2-\varepsilon} \left|\frac{1}{\omega(s)}\right|^{2\gamma_n} +$$
$$\left|\frac{1}{\omega(s)}\right|^{\gamma_n} d\tau$$

który uzupełnia dowód.

Poprzednie konstrukcje pozwalają na obliczenie asymptotyki w następujący sposób.

**Lemma 21** *Let , Następnie*

$$\lim_{Im(k)\to-\infty} I_\varepsilon(k,\alpha) = 0, \; \lim_{Im(k)\to\infty} J_\varepsilon(k,\alpha) = 0.$$

i jako Im(k)=0

$$\lim_{Re(k)\to\infty} I_\varepsilon(k,\alpha) = 0, \lim_{Re(k)\to\infty} J_\varepsilon(k,\alpha) = 0.$$

*Dowód.* Badanie asymptotyki, przez Lemma 5 i skończoność zysk

$$|I_\varepsilon(k,\alpha)| = \left|\int_\varepsilon^{3/2-\varepsilon} Q_\varepsilon(\tau + i\alpha)e^{-ik\tau}d\tau\right| \leq C\int_\varepsilon^{3/2-\varepsilon} (|Q_\varepsilon(\tau + i\alpha)|^2 d\tau)^{1/2}\frac{1}{|Im(k)|^{1/2}}$$

Podobny argument jest używany dla funkcji

$$J_\varepsilon(k,\alpha) = \frac{1}{\sqrt{2\pi}}\int_\varepsilon^{3/2-\varepsilon} Q_\varepsilon(\tau - i\alpha)e^{ik\tau}d\tau.$$

Jak można oszacować za pomocą ostatniego wyrażenia i Lemma 5 w następujący sposób:

$$|J_\varepsilon(k,\alpha)| < \int_\varepsilon^{3/2-\varepsilon} (|Q_\varepsilon(\tau - i\alpha)|^2 d\tau)^{1/2}\frac{1}{|Im(k)|^{1/2}}$$

Jak Im(k)=0, przez Riemann-Lebesgue lemma yield

$$\lim_{Re(k)\to\infty} I_\varepsilon(k,\alpha) = 0, \lim_{Re(k)\to\infty} J_\varepsilon(k,\alpha) = 0.$$

który uzupełnia dowód.

Ograniczenie do problemu wartości granicznej Riemanna-Hilberta można teraz sformułować w następujący sposób.

**Twierdzenie 8** *Let*

$$(3/4 + i\alpha) \in D(n,\varepsilon), a > 2, \Omega_n(1/2) = \varepsilon > 2/m$$

$$\Gamma_+(k) = -\frac{1}{2\pi i}\int_{-\infty}^{\infty} \frac{ln(R(t))dt}{t-k-i0}$$

$$\Gamma_-(k) = -\frac{1}{2\pi i}\int_{-\infty}^{\infty} \frac{ln(R(t))dt}{t-k+i0}$$

$$X_+(k) = e^{\Gamma_+(k)},\ X_-(k) = e^{\Gamma_-(k)},\ R(k) = \frac{X_-(k)}{X_+(k)}, G_\varepsilon(k,\alpha) = J_\varepsilon(k,\alpha).$$

Potem,

$$J_\varepsilon(k,\alpha) = -\frac{X_+(k)}{2\pi i}\int_{-\infty}^{\infty}\frac{G_\varepsilon(t,\alpha)}{X_-(t)}\frac{dt}{t-k-i0} = X_+(k)T_+\frac{G_\varepsilon}{X_-}$$

$$\frac{I_\varepsilon(k,\alpha)}{k-ia} - \frac{\widetilde{F_\varepsilon}(k,\alpha)}{k-ia} = -\frac{X_-(k)}{2\pi i}\int_{-\infty}^{\infty}\frac{G_\varepsilon(t,\alpha)}{X_-(t)}\frac{dt}{t-k+i0}dt = X_-(k)T_-\frac{G_\varepsilon}{X_-}.$$

*Dowód.* Według Theorem 7 i Lemma 17 mamy

$$Q_\varepsilon(s) = L_\varepsilon(1-s) + F_\varepsilon(s).$$

Używając transformatora Fouriera, otrzymujemy

$$I_\varepsilon(k,\alpha) = e^{-ik}J_\varepsilon(k,\alpha) + \widetilde{F_\varepsilon}(k,\alpha) + S_\varepsilon(k,\alpha).$$

Mnożąc to równanie przez — dostajemy

$$\frac{I_\varepsilon(k,\alpha)}{k-ia} = \frac{e^{-ik}J_\varepsilon(k,\alpha)}{k-ia} + \frac{\widetilde{F_\varepsilon}(k,\alpha)+S_\varepsilon(k,\alpha)}{k-ia}.$$

Przepisywanie ostatniego równania

$$\frac{I_\varepsilon(k,\alpha)}{k-ia} - \frac{\widetilde{F_\varepsilon}(k,\alpha)+S_\varepsilon(k,\alpha)}{k-ia} = R(k)J_\varepsilon(k,\alpha) + J_\varepsilon(k,\alpha).$$

~

——— (21)

(22)

$$G_\varepsilon(k,\alpha) = J_\varepsilon(k,\alpha)$$

Za pomocą Lemmy 20 otrzymujemy następujący problem wartości granicznych Riemanna-Hilberta dotyczący definicji funkcji analitycznej z jej wartości granicznych na linii rzeczywistej:

(23)

(24)

Wzór Hilberta i Lemma 19-Lemma 21 dają rozwiązanie problemu wartości granicznej Riemanna-Hilberta (23),(24)

$$—\int \quad —— \tag{25}$$

$$—\int \quad —— \tag{26}$$

Oznaczenie

$$\Phi_+(k,\alpha) = \Psi_+(k,\alpha) - J_\varepsilon(k,\alpha)$$

$$\Phi_-(k,\alpha) = \Psi_-(k,\alpha) - \frac{I_\varepsilon(k,\alpha) - \widetilde{F_\varepsilon}(k,\alpha) - S_\varepsilon(k,\alpha)}{(k - ia)}$$

Biorąc pod uwagę różnicę między tymi dwoma rozwiązaniami (23) - (24), otrzymujemy problem wartości granicznej Riemanna-Hilberta:

$$\Phi_-(k,\alpha) = R(k)\Phi_+(k,\alpha)$$

$$\lim_{Re(k)\to\infty} \Phi_+(k,\alpha) = 0 \quad as \quad Im(k) > 0, \quad \lim_{Re(k)\to-\infty} \Phi_-(k,\alpha) =$$

$0 \quad as\, Im(k) < 0$

— i Liouville Theorem yield

$$\Phi_-(k,\alpha) = 0 \quad ,\Phi_+(k,\alpha) = 0.$$

## 9 DYSKUSJA

*Nasze obliczenia doprowadziły do nowego zdefiniowania funkcji który uzyskaliśmy z problemu wartości granicznej Riemanna-Hilberta. Z wyjątkowości rozwiązania problemu wartości granicznej Riemanna-Hilberta - funkcje określone wcześniej w (6) i otrzymane z formuły Hilberta są równe!*

W celu uzyskania ostatecznych oszacowań dla funkcji zeta zostaną wykorzystane właściwości izometryczne zintegrowanej transformaty Hilberta.

**Twierdzenie 9** *Let oraz , . Potem,*

$C^{-1} < |X_-(t)| < C, \; C^{-1} < |X_+(t)| < C.$

$||\Psi_+||_{L_2} \leq C_\varepsilon, \; ||\Psi_-||_{L_2} \leq C_\varepsilon,$

*Dowód.* Przez Lemmę 20 i Lemmę 23 dostajemy

$$\Gamma_-(k) = \frac{1}{2\pi i}\int_{-\infty}^{\infty} \frac{ln(R(t))dt}{t-k+i0} = T_-ln(R) = ln(R)$$

$$\Gamma_+(k) = \frac{1}{2\pi i}\int_{-\infty}^{\infty} \frac{ln(R(t))dt}{t-k-i0} = T_+ln(R) = 0$$

, Oznacza to, że

$X_-(t) = R(t), \; _+(t) = 1$

$C^{-1} < |X_-(t)| < C, \; |X_+(t)| = 1.$

Używając Theorem 9 i Lemma 21, otrzymujemy

$$||\Psi_-||_{L_2}^2 + ||\Psi_+||_{L_2}^2 = \int_{-\infty}^{+\infty} \left|\frac{I_\varepsilon(k,\alpha)}{k-ia} - \frac{\widetilde{F_\varepsilon}(k,\alpha)}{k-ia}\right|^2 dk + \int_{-\infty}^{+\infty} |J_\varepsilon(k,\alpha)|^2 dk \leq C_n C_\varepsilon$$

**Lemma 22** *Let spełnia równania*

$$e^{\beta} = \sqrt{(2\pi n + \phi)^2 + (\beta - a)^2},$$

$$\phi =- \arg\left(\frac{1}{2\pi n+\phi+i(-a+\beta)}\right)$$

Następnie

$$t_n = 2\pi n + i\beta_n + \phi_n$$

źródło równania

$$R(k) = 0$$

oraz

$$\beta_n = ln(2n\pi) + o(1), \left|\frac{d\beta_n}{da}\right| \leq \frac{Cln(n)}{n}$$

,

$$\phi_n = \pi + O(ln(n)/n), \quad \left|\frac{d\phi_n}{da}\right| \leq \frac{Cln(n)}{n}$$

*Dowód.*

$$R(t_n) = \frac{e^{-it_n}}{t_n - ia} + 1 = \frac{e^{-i2\pi n+\beta_n+i\phi_n}}{2\pi n+\phi_n+i(\beta_n-a)} + 1 =$$

$$-\frac{e^{\beta_n}}{\sqrt{(2\pi n+\phi_n)^2+(\beta_n-a)^2}} + 1 =- 1 + 1 = 0$$

Weź następnie

$$e^{\gamma_n} = \sqrt{1 + \frac{(ln(n\pi)+\gamma_n-a)^2}{(2\pi n+\phi_n)^2}},$$

dla mamy

$$\phi_n = \pi - \arctan\left(\frac{(-a+\beta)}{2\pi n+\phi_n}\right)$$

i dostajemy

$$\phi_n = \pi + O(ln(n)/n)$$

Szacunki dla instrumentów pochodnych wynikają z uzyskanych wyników.

dowód kompletny.

Poniżej przedstawione są wyniki z [36]

**Twierdzenie o istnieniu i odwracalności Fouriera**

**Jeśli f znajduje się w L1 (tzn. f jest całkowicie integrowalne) i jeśli jest zmiennością graniczną na każdym skończonym przedziale, wówczas $\int$ istnieje i f(t) może być odzyskana z odwrotnej zależności transformacji Fouriera w każdym punkcie, w którym f jest ciągłe.**

**Lemma 23** *Let*

$$Q_\varepsilon(s) = Q_2(s)\theta(Re(s) - 1/2 - \varepsilon)), \Omega_n(1/2) = \varepsilon > 0$$

$$I_\varepsilon(k,\alpha) = \int_\varepsilon^{1-\varepsilon} \quad Q_\varepsilon(\tau + i\alpha)e^{-ik\tau}d\tau$$

- gdzie jest ustalony

następnie

$$0 < |\zeta(\tau_{min} + i\alpha)| \leq |\zeta(s)| \leq |\zeta(\tau_{max} + i\alpha)$$

$$\max_{\varepsilon \leq \tau \leq 1-\varepsilon} |Q_\varepsilon(\tau + i\alpha)| \leq C(\alpha,n,\varepsilon)$$

$$\max_{\varepsilon \leq \tau \leq 1-\varepsilon} \left|\frac{dQ_\varepsilon(\tau+i\alpha)}{d\tau}\right| \leq C(\alpha,n,\varepsilon)$$

$$\lim_{N\to\infty} \int_N^{-N} \quad e^{itk}\frac{dI_\varepsilon(k,\alpha)}{dk}dk =- itf_\varepsilon(t)$$

*Dowód.* Z holomorficznego Następuje jest funkcją harmoniczną. Zgodnie z twierdzeniem Weierstrassa, funkcje jego dokładne maksimum i minimum w zestawie kompaktowym

$$0 < |\zeta(\tau_{min} + i\alpha)| \leq |\zeta(\tau + i\alpha)| \leq |\zeta(\tau_{max} + i\alpha), \varepsilon \leq \tau \leq 1 - \varepsilon$$

$$|Q_\varepsilon(q_{min} + i\alpha)| \leq \max_{\varepsilon \leq \tau \leq 1-\varepsilon} |Q_\varepsilon(\tau + i\alpha)| \leq |Q_\varepsilon(q_{max} + i\alpha)|$$

Z holomorficznego — Następuje |—| jest funkcją harmoniczną i — jest funkcją ciągłą. A my mamy dla niej te same szacunki

$$\max_{\varepsilon \leq \tau \leq 1-\varepsilon} \left| \frac{d\zeta(\tau + i\alpha)}{d\tau} \right| \leq \left| \frac{d\zeta(\tau + i\alpha)}{d\tau} |_{\tau = \tau_{dmax}} \right|$$

$$\max_{\varepsilon \leq \tau \leq 1-\varepsilon} \left| \frac{dQ_\varepsilon(\tau + i\alpha)}{d\tau} \right| \leq \left| \frac{dQ_\varepsilon(\tau + i\alpha)}{d\tau} |_{\tau = \tau_{qmax}} \right|$$

Dla ostatniego stwierdzenia Lemmy 24, mamy

$$\lim_{N \to \infty} \int_N^{-N} \quad e^{itk} \frac{d^2 I_\varepsilon}{dk^2} dk =$$

$$\lim_{N \to \infty} [A_N + B_N + C_N]$$

i Riemann-Lebesgue lemma yield

$$\lim_{N \to \infty} [A_N + C_N] = 0.$$

Ostatnie szacunki | | |—| **Twierdzenie o istnieniu i odwracalności Fouriera** oznacza ostateczne stwierdzenie Lemmy 9.

## *10 DYSKUSJA*

*Ponieważ obliczamy inwersję transformacji Fouriera tylko na linii oddzielonej od linii, na której znajduje się korzeń funkcji zeta, wzrost tych oszacowań przy zbliżaniu się do zera nie ma wpływu na wynik końcowy. Po obliczeniu odwrotnej transformacji Fouriera, zaczynamy używać zupełnie innych oszacowań, które są już jednolite, chociaż linia ma tendencję do linii prostej, gdzie funkcja zeta ma pierwiastek, a oszacowania pośrednie nie spełniają ostatecznego celu!*

## *11 DYSKUSJA*

*Zwróć szczególną uwagę na przykład Davenport i Heilbronn-Type of Functions.Patrz w [37]*

Nie dotyczy Davenport i Heilbronn-Type of Functions. Metoda ta może być stosowana tylko w warunkach istnienia produktu Euler.

**Lemma 24** *Następne stwierdzenia są prawdziwe*

$$I_\varepsilon(k,\alpha) = F_\varepsilon(k,\alpha) + S_\varepsilon(k,\alpha) + (k - ia)\sum_0^\infty \frac{G_\varepsilon(t_n,\alpha)}{X'_-(t_n)(t_n-k)}$$

$$- i\sum_0^\infty \frac{G_\varepsilon(t_n,\alpha)}{X'_-(t_n)(t_n-k)} = k\sum_0^\infty \frac{dt_n}{da}\frac{d}{dt_n}\left(\frac{G_\varepsilon(t_n,\alpha)}{X'_-(t_n)(t_n-k)}\right) + \frac{d}{da}\left(\frac{I_\varepsilon(k,\alpha)-F_\varepsilon(k,\alpha)-S_\varepsilon(k,\alpha)}{X_-(k)}\right)$$

*Dowód.* Według Twierdzenia 13,

$$\Psi_-(k,\alpha) = \frac{I_\varepsilon(k,\alpha)}{k-ia} - \frac{\widetilde{F_\varepsilon}(k,\alpha)+S_\varepsilon(k,\alpha)}{k-ia} = -\frac{X_-(k)}{2\pi i}\int_{-\infty}^{\infty} \frac{G_\varepsilon(t,\alpha)}{X_-(t)}\frac{dt}{t-k+i0}.$$

Oznaczenie

$$I_1 = \int_{-\infty}^{\infty} \frac{G_\varepsilon(t,\alpha)}{X_-(t)(t-k+i0)}dt,\ I_2 = (k - ia)I_1.$$

Holomorfika funkcji — jak i analitykę funkcji w górnej płaszczyźnie i Lemma Jordanu plonów

$$I_1 = \lim_{\delta\downarrow 0}\int_{-\infty}^{\infty} \frac{G_\varepsilon(t,\alpha)}{X_-(t)(t-k+i\delta)}dt = \sum_0^\infty \frac{G_\varepsilon(t_n,\alpha)}{X'_-(t_n)(t_n-k)}$$

——$\sum$ —— (27)

zróżnicowanie (27) przez

$$-i\sum_0^\infty \frac{G_\varepsilon(t_n,\alpha)}{X'_-(t_n)(t_n-k)} = k\sum_0^\infty \frac{dt_n}{da}\frac{d}{dt_n}\left(\frac{G_\varepsilon(t_n,\alpha)}{X'_-(t_n)(t_n-k)}\right) +$$

$$\frac{d}{da}\left(\frac{I_\varepsilon(k,\alpha)-F_\varepsilon(k,\alpha)-S_\varepsilon(k,\alpha)}{X_-(k)}\right)$$

**Twierdzenie 10** *Let z oraz . Potem,*

$$|Q(s)| < C_l C_\varepsilon.$$

*Dowód.* Jak jednolicie zbieżne plony z serii

$$\int_{-N}^{+N} e^{itk}\frac{d^2}{dk^2}\left(\frac{I_\varepsilon}{X_-}\right)dk = \int_{-N}^{+N} e^{itk}\frac{d^2}{dk^2}\left(\frac{F_\varepsilon}{X_-}\right)dk + \int_{-N}^{+N} e^{itk}\frac{d^2}{dk^2}((k - ia)I_1)dk$$

Z definicji :

$$\int_{-N}^{+N} e^{itk}\frac{d^2}{dk^2}((k-ia)I_1)dk = \int_{-N}^{+N} \sum_1^N e^{itk}\frac{d^2}{dk^2}\left(\frac{(k-ia)G_\varepsilon(t_n,\alpha)}{X'_-(t_n)(t_n-k)}\right)dk$$

$$+\int_{-N}^{+N} \sum_N^\infty \frac{d^2}{dk^2}\left(\frac{(k-ia)G_\varepsilon(t_n,\alpha)}{X'_-(t_n)(t_n-k)}\right)e^{itk}dk = W_1 + W_2 + W_3.$$

Ostatecznie dostaniemy

$$\left|\int_{-N}^{+N} e^{itk}\frac{d^2}{dk^2}\left(\frac{I_\varepsilon}{X_-}\right)dk\right| \leq C_l C_\varepsilon$$

$$\left|\int_{-N}^{+N} e^{itk}\frac{d^2}{dk^2}(I_\varepsilon)dk\right| \leq \left|\int_{-N}^{+N} e^{itk}\frac{d^2}{dk^2}\left(\frac{I_\varepsilon}{X_-} - I_\varepsilon\right)dk\right| + C_l C_\varepsilon$$

Lemma 17,Lemma 24-30,Twierdzenie 4 i ostatnie szacunki plonów

$$|Q(s)| < 2C_l C_\varepsilon \ as\ 3\varepsilon < Re(s) < 1 - 3\varepsilon$$

,

który uzupełnia dowód,

Jak wspomniano we Wprowadzeniu, należy porównać wartości funkcji zeta w sąsiednich prostokątach. Zostanie to przeprowadzone zgodnie z następującym twierdzeniem.

**Twierdzenie 11** *Funkcja Riemanna ma nietrywialne zera tylko na linii .*

*Dowód.* Załóżmy, że istnieje korzeń funkcji zeta z w przypadku to jest . Niech w przypadku być kolejnym korzeniem najbliżej niego. Następnie, następujące zestawy odpowiadają są zbudowane:

$D(n,\varepsilon) = (s|\varepsilon < Re(s) < 1 - \varepsilon, Im(s) \neq Im(s_n), Im(s_n) - d_n \leq Im(s) \leq Im(s_n) + d_n$

gdzie

$$\zeta(s_{n+1}) = 0, \zeta(s_n) = 0, \zeta(1 - s_n) = 0, \zeta(1 - s_{n+1}) = 0, \ \zeta(1 - s_n) = 0,$$

$$d_n = (Im(s_{n+1}) - Im(s_n))$$

gdzie . Jak oraz więc mamy równanie na . Twierdzenie nr 10 daje teraz plony

$$|ln(|\zeta(1/2 + \delta_n + i\alpha_n - i\delta)|) \leq |Q_2(1/2 + \delta_n - i\alpha_n - i\delta)| + |\sum_{n=m}^{\infty} \ P(ns)/n| < 2C_n C_\varepsilon$$

Ponadto,

$$\lim_{\delta \to 0} \ |ln(|\zeta(1/2 + \delta_n + i\alpha_n - i\delta)|)| = \infty.$$

Te szacunki dla | | oznaczają, że funkcja nie ma zer na półpłaszczyźnie . Przez całkowanie (19), wyniki te są rozszerzone do półpłaszczyzny to jest . Tak więc, hipoteza Riemanna została udowodniona.

## *12 PODSUMOWANIE*

W niniejszym opracowaniu uzyskano szacunki dla logarytmu funkcji zeta Riemanna poza linią . W ten sposób praca wielkich matematyków zakończyła się wykorzystaniem ich osiągnięć w tej dziedzinie. Bez ich wysiłków nie podjęto by nawet próby rozwiązania tego problemu.

Badania nad hipotezą Riemanna zakończono redukując ją do problemu wartości granicznej Riemanna-Hilberta dla funkcji analitycznych. Zaczął je sam Riemann, a kontynuował m.in. Hadamard, a niniejsze opracowanie opiera się na pomysłach Landaua, Walvisa, Estarmanna i Chernoffa. Udało się uzupełnić dowód hipotezy Riemanna o rozwiązanie problemu wartości granicznej Riemanna-Hilberta przez Riemanna, Hilberta i Poincaré.

Po zakończeniu tego badania autor doszedł do wniosku, że problem ten został faktycznie rozwiązany dzięki wspólnym wysiłkom Riemanna, Hilberta, Poincaré i Fouriera.

## *13 PODZIĘKOWANIA*

Autor dziękuje Narodowej Akademii Inżynierskiej Republiki Kazachstanu, a w szczególności Akademickiemu NAS RK B.Zhumagulovi za stałą uwagę i wsparcie.

Ponadto, autor dziękuje seminarium matematyczne w kazachstańskim oddziale Moskiewskiego Uniwersytetu Państwowego za uwagę i cenne uwagi, a także profesorom B. Kanguzhinowi i M. Otelbaevowi oraz organizatorom Automorphicformsworkshop.org/AFW2018 za szczegółową recenzję i cenne komentarze. Autor jest szczególnie wdzięczny profesorowi Stevenowi Millerowi za dokładną analizę pracy i szczegółowe rekomendacje, które znacząco poprawiły pracę. Autor jest szczególnie wdzięczny P. Plotnikowowi i A. Mednykhowi za dokładną analizę pracy i szczegółowe rekomendacje, które znacznie poprawiły pracę. Autor jest szczególnie wdzięczny seminariowi matematycznemu Nurlana Temirgaliewa z Euroazjatyckiego Uniwersytetu im. L.N.Gumilowa za wnikliwą analizę pracy i szczegółowe zalecenia, które znacząco poprawiły pracę.

## *Referencje*

[1] Terence Tao, Finite time blowup for an averaged three-dimensional Navier-Stokes equation,arXiv:1402.0290 [math.AP]

[2] L. D. Faddeev, *Odwrotny problem w kwantowej teorii rozpraszania. II, Itogi Nauki i Tekhniki. Ser. Sovrem. Probl. Mat., 3, VINITI, Moskwa, 1974*

[3] CHARLES L. FEFFERMAN *Istnienie* i gładkość równania Navier-Stokes. The Millennium Prize Problems, 57вЂ"67, Clay Math. Inst., Cambridge, mgr, 2006.

4] J.S.Russell B"Report on WavesB": (Sprawozdanie z czternastego posiedzenia Brytyjskiego Stowarzyszenia na rzecz Rozwoju Nauki, York, wrzesień 1844 r. (Londyn 1845 r.), s. 311.

Płyty XLVII-LVII)

[5] J.S.Russell (1838), Report of the committee on waves, Report of the 7th Meeting of British Association for the Advancement of Science, John Murray, London, pp.417-496.

Mark J. Ablowitz, Harvey Segur Solitons and the Inverse Scattering Transform SIAM, 1981- s. 435.

[7] N.J.Zabusky i M.D.Kruskal (1965), Interakcja solitonów w bezzderzeniowej plazmie i nawrót stanów początkowych, Phys.Rev.Lett., 15 str. 240-243.

R.G. Newton , *Nowy wynik na problem odwrotnego rozpraszania w trzech wymiarach, Phys. rev. Lett. v43, 8,pp.541-542,1979*

R.G. Newton, Odwrócenie *rozpraszania w trzech wymiarach, Jour. Matematyka. Phys. 21, str. 1698-1715, 1980.*

[10] Somersalo E. et al. Odwrócenie *problemu rozpraszania dla równania Schrodingera w trzech wymiarach: powiązania między metodami dokładnymi i przybliżonymi.* 1988.

[11] *Tabele przekształceń całkowitych. v.I* McGraw-Hill Book Company, Inc.1954

[12] PoincarГ© H., *Lecons de mecanique celeste, t. 3, P., 1910.*

13] Leray, J. (1934). "W ruchu lepkiego płynu wypełniającego przestrzeń." Acta Mathematica 63: 193вЂ"248. doi:10.1007/BF02547354.

O.A. Ladyzhenskaya, *Mathematic problems of viscous incondensable liquid dynamics. - M.: Nauka, 1970. - p. 288*

[15] Solonnikov V.A. *Estimates solving nonstationary linearized systems of Navier-Stokes' Equations. - Transactions Academy of Sciences ZSSR Vol. 70, 1964. - p. 213 – 317.*

16] O globalnych słabych rozwiązaniach problemu Cauchy'ego dla równań Navier-Stokes z dużymi danymi początkowymi L-3 Seregin, G; Sverak, V; NONLINEAR ANALIZA-TEORY METODY i ZASTOSOWANIA tom 154 strona 269-296 (maj 2017) Szacunki rozwiązań dla zaburzonego systemu Stokesa

[17] V. Vialov, T. Shilkin Notes of the Scientific Seminars of POMI, 410 (2013), 5вЂ"24

[18] F. Mebarek-Oudina R. BessaГЇh, Magnetohydrodynamiczna stabilność naturalnych przepływów konwekcyjnych w Czochralski Crystal Growth. World Journal of Engineering, vol. 4 no.4, s. 15вЂ"22, 2007.

[19] F. Mebarek-Oudina i R. BessaГЇh, Oscylacyjny mieszany przepływ konwekcyjny w cylindrycznym pojemniku z wirującą tarczą pod osiowym polem magnetycznym i różnymi ścianami przewodzącymi prąd elektryczny, I. Przegląd

fizyki, 4(1) 45-51, 2010. .

F. Mebarek-Oudina, Numerical modeling of the hydrodynamic stability in vertical annulus with heat source of different lengths, Engineering Science and Technolgy, an International Journal, 20, 1324-1333.

Leonhard Euler. Wstęp do analizy nieskończoności autorstwa Johna Blantona (Book I, ISBN 0-387-96824-5, Springer-Verlag 1988;)

[22] Chebyshev P.L. Fav. mathematical works, Рњ.-L., 1946;

Riemann, G.F.B. On the Number of Prime Numbers less than a Given Quantity New York: Chelsea, 1972.

[24] E. C. Titchmarsh (1986). Theory of the Riemann Zeta Function, Second revised (Heath-Brown) edition. Oxford University Press.

Ray D., Singer I. M. R-torsion i laplacian na kolektorach Riemanniana. Adv. w Math., 1971, t. 7, pСЂ. 145вЂ"210.

[26] Bost J.-B. Fibres determinants, determinants regularises et measures sur les espaces de modules des courbes complexes, Sem. Bourbaki, 39 eme annee1986-1987,

[27] Kawagoe K., Wakayama M., Yamasaki Y. Q-Analogi Riemanna zeta, Dirichleta L-funkcje i krystaliczna zeta-funkcja. Forum Math, 2008, t. 1, СЂр. 1вЂ"26.

28] Hadamard J. Zastosowanie formuły intelektualnej odnoszącej się do serii Dirichlet, Bull. Soc. Math, de France, 56 A927), 43вЂ"44.

[29] Paul R. Chernoff A pseudo zeta funkcja i rozmieszczenie primów PNAS 2000 97 (14) 7697-7699; doi:10.1073/pnas.97.14.7697 A933),

30] Landau E., Walfisz A. Ober die Nichtfortbarkeit einiger durch Dirichletsrhe Reihen definierter Funktionen, Rend, di Palermo, 44 A919), 82вЂ"86. Congress Cambridge 1912, 1st ed,

[31] Estarmann T. Na niektórych funkcjach reprezentowanych przez serię Dirichlet, Proc. Londyn. Matematyka. Soc. (2), 27 1928

[32] Poincaré H., *Lecons de mecanique celeste, t. 3, P., 1910.*

[37] Backlund R., *Sur les zeras de la function de Riemann,C.R. Acad.Sci.,(1914)* 1979-1981 N3

[33] E. C. Titchmarsh Zero Riemann Zeta-Function151Procedura Royal Society of London. Seria A - Nauki Matematyczne i Fizyczne.

34] 453.701 Linear Systems, S.M. Tan, The University of Auckland

Eugenio P. Balanzario i Jorge Sanchez-Ortiz *Zeros z Counterexample Davenport -Heilenbronn.* Matematyka obliczeń. Tom 76, numer 260, październik 2007, strony 2045вЂ"2049

Printed by Books on Demand GmbH, Norderstedt / Germany